小艾的四季科學筆記2

秋日篇

葉子為什麼會變色？

文 凱蒂．柯本斯 Katie Coppens

圖 荷莉．哈塔姆 Holly Hatam

譯 劉握瑜

新點子
小艾的
科學筆記
植物細胞
蒸發

不太正經的科學方法

提出問題

進行研究

持續調查!

提出假設

進行實驗
測試假設

實驗結果支持
你的假設嗎?

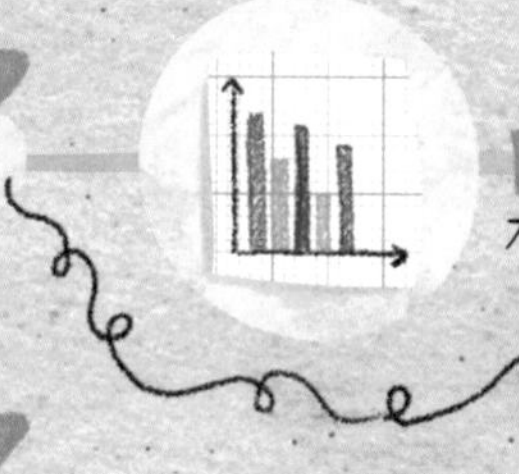

不太對……

沒錯!

形成結論

分享交流你的
實驗成果!

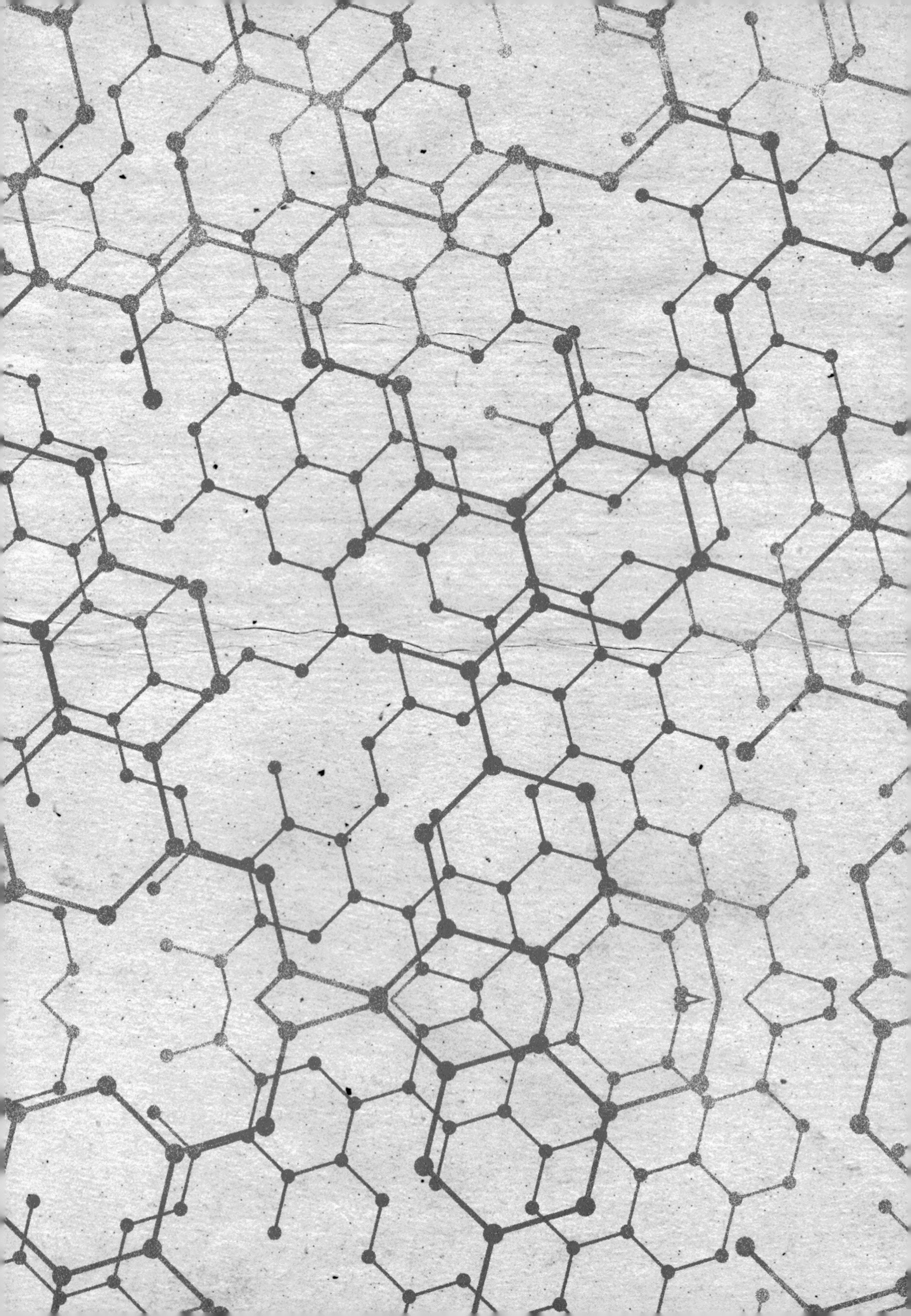

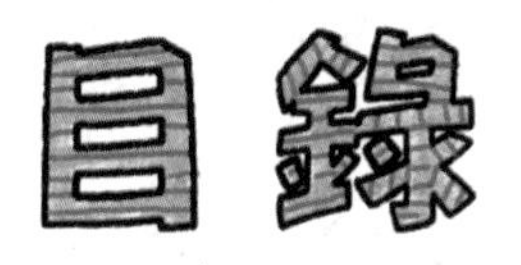
目錄

「試著為你眼前的事物尋找意義，驚嘆這宇宙如何形成。

記得要保持好奇的心。」

— 物理學家 史蒂芬·霍金

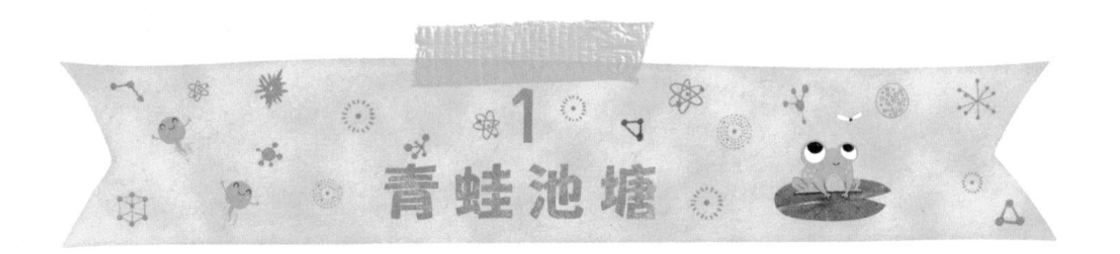

1 青蛙池塘

某天下午，小艾和媽媽及伊莎貝爾帶著貝特在森林步道散步。一切都很祥和寧靜，直到貝特最心愛的勁敵出現：一隻小鳥突然往下俯衝，又往樹上飛去。貝特一看到牠，就開始向前暴衝，力氣大到把小艾手上的牽繩扯掉。

「貝特，快停下來！」小艾大喊。

貝特一下子就追丟了那隻小鳥，但是牠沒有停下來，因為牠聞到第二心愛的東西：水。小艾三人追著牠，在滿是楓樹、樺樹和橡樹的樹林裡穿梭，等她們終於追上時，貝特正伸長脖子，把頭埋進一個長滿香蒲和睡蓮的暗綠色池塘。

小艾媽媽拍著手大喊：「貝特，過來！」

小艾站在池子邊放聲大吼：「你這隻笨狗！快點給我過來！」

但是貝特正開心的埋在水裡，什麼都沒有聽到的樣子。

小艾看著貝特越游越遠，岸邊一隻跳進高大草叢的青蛙引起她的注意。「我看貝特還要好一陣子才會游回來。伊莎貝爾，你要不要幫我一起抓那隻青蛙？」她說。

小艾媽媽在岸邊坐下，開始脫鞋。「別衝動啊，女孩們。我們沒有帶網子。」

「我不需要用網子，」伊莎貝爾說：「我可以用手抓青蛙。」

「我相信你可以，」媽媽邊捲褲腳邊回應。「不過你還是需要一支網子。」

「為什麼？」小艾問。

「因為你們不應該直接用手觸碰青蛙。」

伊莎貝爾看了看自己的手問：「為什麼不行呢？」

「因為青蛙會用皮膚呼吸。我們出門時在身上擦了防蚊液，那些附在手上的化學物質可能會跑進青蛙的身體裡。」

「太誇張了！等一下，我們人不是用皮膚呼吸的吧？」小艾問。

「不是啦，」伊莎貝爾笑著回答她：「空氣經由我們的嘴巴或是鼻子進入……」

「我們的肺。」小艾點點頭。「這我知道。所以，是指青蛙沒有肺的意思嗎？」

小艾媽媽一腳踩進那池暗綠色的水中。「青蛙有肺，牠們透過鼻孔吸入空氣。不過牠們也可以透過皮膚吸收溶解過的氧。」

「真是詭異。」小艾低頭看著自己的手臂。「想像一下如果我們用皮膚呼吸……等等，我們到底為什麼需要空氣呢？」

媽媽走到池水和膝蓋一樣高的地方，吹口哨呼喚貝特。她稍微側頭回答小艾：「氧氣會經過你的肺進入你的血液裡。」

「究竟為什麼會這樣？」小艾很好奇。她看得出來媽媽身體裡的那個科學老師很興奮的想要討論這件事，不過她也看得出來媽媽現在正一心想要把貝特弄上岸。

小艾媽媽走回兩個女孩身邊。「我們一定要現在討論這件事情嗎？」

女孩們肯定的點點頭，她們真的現在就想討論這件事。「好吧，你們都知道我有多

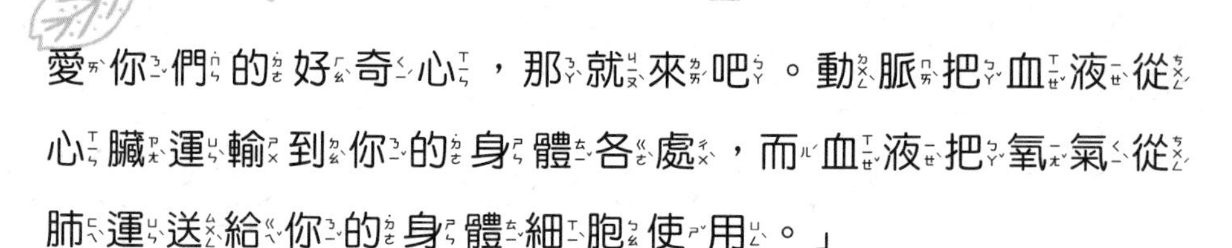

愛你們的好奇心，那就來吧。動脈把血液從心臟運輸到你的身體各處，而血液把氧氣從肺運送給你的身體細胞使用。」

「細胞是什麼？」小艾問。

「它們常常被稱為建構生命的積木。你的身體裡有數十兆個可以執行功能的細胞。世界上所有的生物都擁有細胞。」

小艾指著池水再問：「那些睡蓮也有細胞囉？」媽媽點點頭。「水也有細胞嗎？」小艾看著池塘問，想起從天空落下的雨水或是水龍頭裡流出來的水。「等等，水沒有細胞，因為水不是活的東西。但是水裡有生物，像是綠藻跟……貝特！」

小艾媽媽回頭看了看池水。「沒錯，水裡有貝特。好吧，女孩們，我們一起來，等我數到三就大喊『貝特，過來』，一、二、三……」

「貝特，過來！！」

貝特終於乖乖聽口令了，牠爬上泥濘的岸邊搖著尾巴。小艾拎起那條溼透的牽繩，並試圖遠離正在甩動一身泥濘狗毛的貝特。

小艾尖叫：「貝特！髒死了！」

小艾和媽媽與伊莎貝爾三人的身上，都滴著暗綠色的髒水。伊莎貝爾看著手臂上的綠藻說：「好險我不是透過皮膚呼吸。」

「我也這麼想。」小艾再次看向池塘，她留意到池面漂著寶特瓶，還有塑膠袋勾在香蒲上。她常常來這個池塘觀察色彩繽紛的蜻蜓，或聽青蛙呱呱叫。她喜歡傾聽青蛙的聲音，想像牠們在講些什麼。但是今天小艾只聽到風吹過樹葉的沙沙聲。她走近水邊一看，發現有垃圾卡在香蒲叢中。「既然青蛙會透過皮膚呼吸，這些汙染是不是對牠們特別不好？」

「沒錯。」媽媽回答她。「如果汙染太嚴重，會讓青蛙死掉嗎？」小艾擔心的問。

「這是有可能的，其實青蛙很脆弱，因為有毒物質會經由皮膚進入牠們的身體，而且牠們都在水裡產卵。也因為牠們同時生活在水中與陸地上，科學家們會藉由研究青蛙來評估一個生態系統的狀態。當青蛙們都很健康時，就表示空氣與水都很乾淨。要是青蛙的數量減少，可能代表牠們的棲息地受到

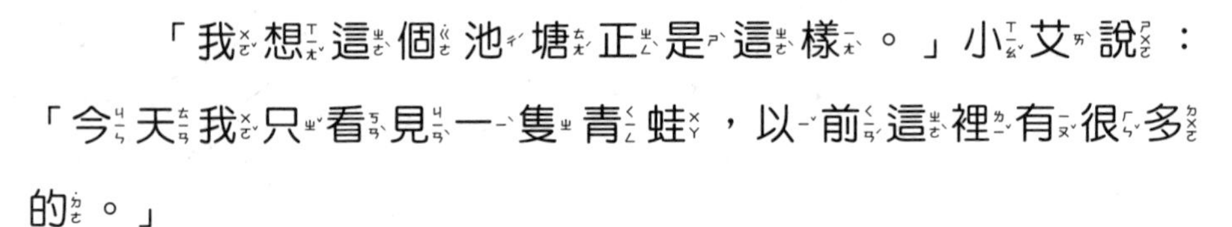

汙染。」

「我想這個池塘正是這樣。」小艾說：「今天我只看見一隻青蛙，以前這裡有很多的。」

「你說的沒錯，現在的青蛙數量比以前少太多了。」伊莎貝爾補充。

「我知道不能用手碰青蛙，但我可以用手把那些垃圾撿起來。」小艾伸手拿起一個掛在香蒲上的塑膠袋，接著開始用這個袋子裝其他垃圾。「我們可以帶個大垃圾袋回來，把這裡的垃圾都撿起來嗎？」

「當然可以。」媽媽回答。

「你覺得這些垃圾是怎麼跑到這裡來的？」伊莎貝爾問。

小艾媽媽告訴她：「先是有人丟了一個瓶子，然後其他人就紛紛跟著做，池塘在不知不覺中，就變成現在這個模樣。」

「我覺得如果在步道或是池塘邊放個垃圾桶，情況就會改善很多。」小艾說。「這個想法不錯。」伊莎貝爾附和小艾的提議。

小艾問她媽媽：「我們怎麼能讓這樣的事情發生？我來寫封信到鎮上的管理委員會，告訴他們這裡的垃圾問題。我們可以拍下這個景象，再跟他們說這裡的青蛙怎麼了。我敢說他們一定都不知道青蛙能用皮膚呼吸，也不知道水被汙染會對青蛙造成什麼影響。你覺得他們會聽我說的這些話嗎？」

媽媽笑著說：「我想他們會的。如果他們不肯聽的話……」

「那我們就講到他們肯聽為止。」小艾說完，從地上撿起一個被壓扁的罐子。

一旁的貝特開始高聲吠叫，扯著繩子想往池塘的方向跑。

「我想，就現在的情況看來，我們把貝特帶離開這裡，青蛙和小鳥都會比較快樂。」

「我也會。」小艾同意媽媽的話。她把那袋垃圾拿在手上，一起跟著往步道走去。她回頭看，決定要拯救這個池塘，還有那些住在這裡的青蛙。

小艾、媽媽和伊莎貝爾後來又回到瑞亞斯池塘兩次，她們清理垃圾，還拍了照。小艾將這些資料整理起來，寫了一封信給城鎮的管理委員會。

敬愛的城鎮管委會：

我寫這封信是要請你們放一個垃圾桶在瑞亞斯池塘邊。幾週前我和我媽媽及朋友去那裡散步，我們被那裡的垃圾與廢棄物嚇壞了。我後來又去了兩次，每次去那裡都有一堆垃圾，從洋芋片包裝袋到一把被丟在池水裡的椅子都有（沒錯就是椅子）！隨信附上池塘髒亂的照片，以及我們清理後的照片。

我不知道你們是否去過瑞亞斯池塘，那裡的風景曾經那麼漂亮，能聽到青蛙呱呱的叫聲，還能看到鮮豔的蜻蜓。但是現在即使天氣晴朗暖和，也很難看到一隻青蛙，這樣真的很糟糕。青蛙是指標性的物種，牠們的狀態代表一個自然環境是否良好。因為青蛙會透過皮膚呼吸，也會把卵產在水裡，這讓牠們非常容易受到傷害。

只要放一個垃圾桶，就能改善瑞亞斯池塘的汙染，這樣對青蛙和人類都好。我真心相信一個小小的垃圾桶能帶來大大的改變。

感謝您耐心閱讀
期待您的回覆

艾卡迪雅・葛林
本地十歲居民

我們每次到瑞亞斯池塘的數據紀錄

拜訪次數	我們蒐集到的垃圾
1	* 6個塑膠瓶 * 4個塑膠袋 * 4張口香糖包裝紙 * 3個瓶蓋 * 3個鋁罐 * 3個插著吸管的透明冰咖啡杯 * 1個玻璃瓶 * 1支塑膠叉子 * 1個穀棒包裝袋 * 1個三明治包裝袋
2	* 2個塑膠瓶 * 1個鋁罐 * 2個洋芋片小包裝袋 * 1輛小玩具車（我覺得這是不小心被忘在這裡的）
3	* 2個保麗龍杯（1個有蓋子，1個沒蓋子） * 1個塑膠袋 * 1根吸管 * 1個塑膠瓶 * 1張椅子（沒錯就是椅子！）

清理之前：

清理之後：

椅子怎麼會跑到那裡去？！

青蛙超酷的！

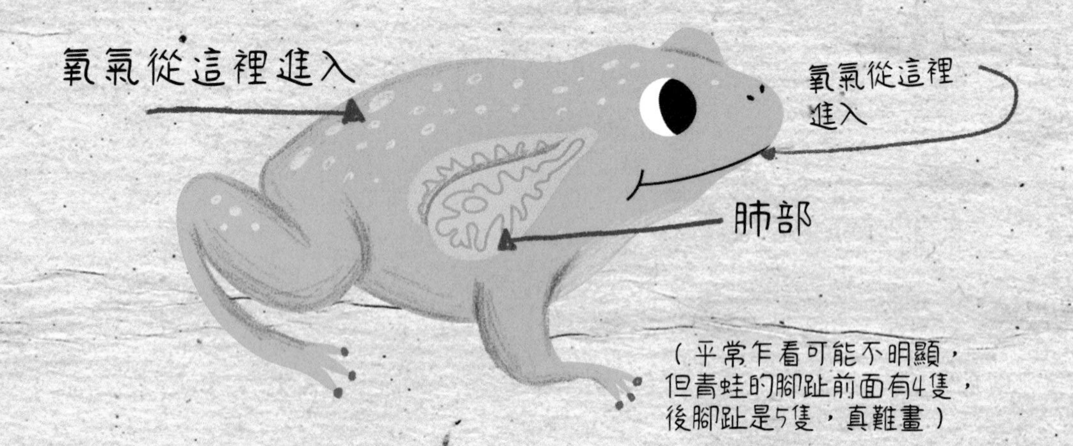

氧氣從這裡進入
氧氣從這裡進入
肺部
（平常乍看可能不明顯，但青蛙的腳趾前面有4隻，後腳趾是5隻，真難畫）

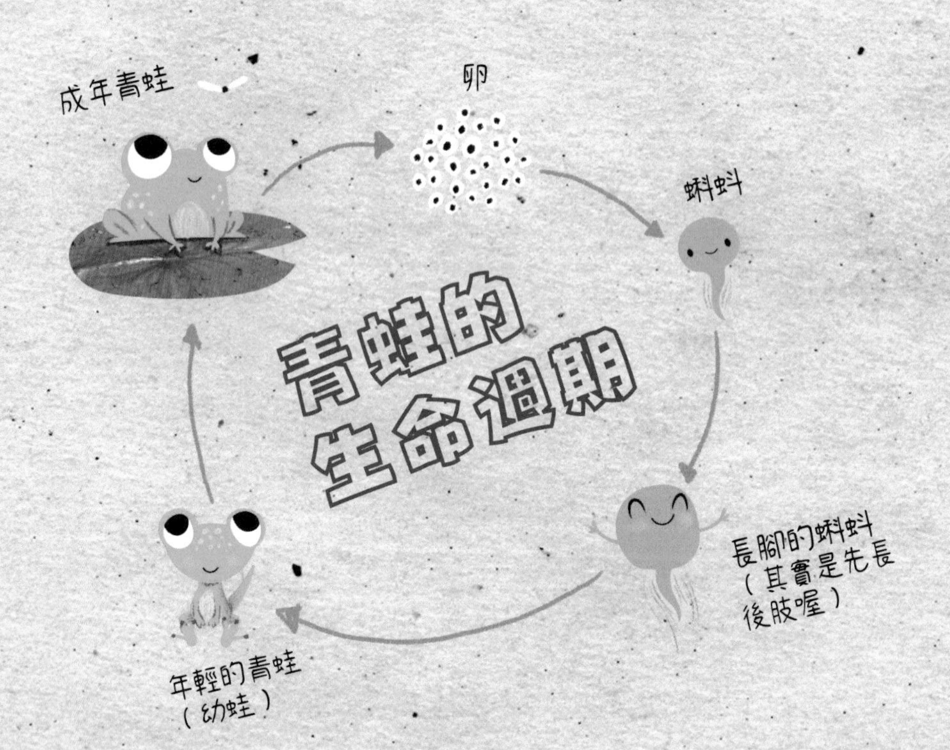

成年青蛙
卵
蝌蚪
青蛙的生命週期
長腳的蝌蚪（其實是先長後肢喔）
年輕的青蛙（幼蛙）

我的科學新詞

環境指標

幫助你更了解自然環境情況的東西。從青蛙的數量到水的溫度都有，可以是任何形式。

非生物因子

環境中沒有生命、但會影響生物成長的物體。

太陽　風　雨　水　土壤

生物因子

環境中有生命、會利用環境中其他生物或非生物因子生存的物體。

有機體（生物）

任何有生命的物體。有機體都是細胞組成的。

細胞

每個有機體的最小組成單位。細胞維持我們的生命，並建構我們的身體系統，幫助我們生長。

世界上有只包含一個細胞的單細胞生物

也有

包含好幾兆個細胞的生物

我還想知道的事：

- 如果人們看到地上已經有垃圾了，就比較可能也把垃圾丟在地上嗎？是不是有什麼原因，讓他們覺得因為其他人已經先丟了，所以自己也可以這樣做？
- 如果沒有人去把瑞亞斯池塘的垃圾撿起來，最後那些垃圾會怎麼樣呢？
- 如果有一個棲息地受到非常、非常嚴重的汙染會變成什麼樣子？

2 葉子為什麼會變色？

小艾抬頭望向楓樹光禿禿的樹枝，再低頭看看楓樹附近的落葉。這些葉子看起來很像手工紮染出來的作品，混合了紅、橘、黃、綠和棕色。她把樹葉堆到不能再高，就是為了最壯觀的那一刻：狂奔跳進這巨大的落葉堆，然後感受那些脆脆的樹葉減緩她落下的衝力。

「我可以跳進去那裡面嗎？」喬許從他們家那一側的圍籬問。

「這些弄好以後我就要跳進去了。」小艾一手拿著鐵耙，另一手緊緊的把落葉抵在鐵耙上。她把那些葉子往落葉堆上丟去，不過有幾片掉了下來。

喬許翻過圍籬，把掉下來的落葉都撿起來。「如果我幫你一起堆，我也可以跳嗎？」

「我都快堆完了。」小艾邊說邊把幾片落葉掃進葉子堆裡。

接著她想起喬許最近變得友善許多，就補上一句：「如果你答應幫我一起把這些落葉裝袋，等我跳完可以換你跳。」

「就這麼說定囉。」喬許開始將葉子向中間推，落葉堆變得超級高。

小艾一放下鐵耙就聽到貝特的叫聲。牠正追著一隻往楓樹上飛的鳥，邊跑邊穿過落葉堆。

「貝特！」小艾尖叫。

那隻鳥飛得太高，貝特就放棄追逐了。小艾還沒來得及開口阻止，貝特就開心的在落葉堆上打滾，葉子散落一地。

「喔，貝特。」小艾發出受不了的聲音。

「我看貝特也很想玩這些葉子。」喬許說完，就走去車庫拿了另外一把鐵耙。

小艾意外的發現，自己竟然很感激喬許幫忙。

他靠著用不完的精力聚集更多落葉，不知不覺中，這個落葉堆居然比小艾之前弄的還要高。

「你先吧。」小艾對喬許說。

「真的嗎？」

「去吧！」

喬許放下鐵耙，起跑，然後跳進落葉堆！他在裡面躺了一下，接著突然跳起來去拿鐵耙。

「等我一下，我來弄一個超級高的給你。」

小艾咧著嘴，大笑跳進落葉堆裡。落葉飛散在她那頭金髮的四周，像個枕頭一樣撐著她。她伸直手臂往後躺，看著藍天露出微笑。「我喜歡秋天。你覺得『秋』字裡面有一個火，是不是因為秋天時，落葉就像火一樣又黃又紅的？」

「我不知道，也許吧。但是葉子為什麼會掉下來呢？」喬許問她。

「你現在升四年級了，學校今年就會教到這個。」已經五年級的小艾回答他：「這麼說好了，樹在寒冷的時候會稍微小睡一下，它們沒有葉子的話，能比較容易度過冬天。像楓樹或橡樹這種葉子很寬的樹叫做落葉植物。松樹和雲杉這種有針狀葉子、外觀像錐形的樹，叫針葉植物，有些針葉樹被稱為常綠植物，就是『葉子常年都保持綠色』的意思。」

「等等，有葉子是針的樣子？那也算是葉子嗎？」喬許好奇。

「我一開始也搞不清楚，但就是這樣沒錯。松樹、雲杉和冷杉的葉子都是針的形狀。」

「好酷喔。」喬許拿起一片橘黃色的楓葉說：「你知道的好多喔，那你知道這種葉子為什麼會在秋天的時候變色嗎？」

「我當然知道。就像我剛才說的，你今年就會在自然課的時候學到，不過我會先告訴你為什麼。這樣你在課堂上就可以很臭屁。像你手上拿的那片葉子，其實一直有橘黃色在裡面，但是因為葉綠素的關係，我們只看得到綠色的部分。」

「什麼是『野驢素』？」喬許問。

「葉綠素就是葉子裡的綠色物質，可以從陽光得到能量。陽光能幫助植物自己製造食物。秋天時陽光減弱，氣溫降低，綠色的葉綠素就會消失。當綠色消失不見，我們就能看見一直都在葉子裡的隱藏顏色。」

喬許拿起一片紅色的葉子說：「所以紅色一直都在這裡面，只是被藏起來了？」

「嗯，就是綠色的葉綠素把它藏起來的，只要一有機會，它就會顯現出來。」

「我有一點像一片葉子……」喬許踢著地上的落葉，自言自語。

「什麼意思？」

「有時候我……沒事啦。」

小艾放緩語氣再問一次：「你剛剛說的話，是什麼意思呢？喬許。」

「沒有啦，就是……呃，你忘記葉子最重要的部分了，跳進葉子堆裡超好玩的！」喬許說完就跳進落葉堆裡。

「你說得沒錯！」小艾也跟著跳進去，坐在他旁邊。

「真不敢相信這些顏色一直都在葉子裡。」喬許撿起一片落葉觀察。

小艾在想，葉子在所有人眼中都是一個模樣，但其實內在卻有很多種變化。她想到喬許過去這幾個月改變了很多。

「喬許，你說你像葉子，是因為你其實人很好，但是大家都看不出來嗎？」

喬許馬上回答：「就是這樣吧。大部分的人並不真正了解我。」

「有時候我覺得你那張嘴就像生物的適應方法。」

「適應方法是什麼意思？」

「就是能幫助植物和動物在環境中存活下來的方式。就像鳥利用羽毛的顏色，把自己融入樹林中，或是牠們能飛得超快，快到貝特永遠都抓不到。」

「大家欺負我是因為我很矮，所以我搶在他們開我玩笑之前，講一些很過分的話。我想你說得對，講話不經大腦就是我適應環境的方式。現在已經沒有人會開我玩笑了。當然，也沒有人真心喜歡我。」

「我喜歡你啊，你是我的朋友。」

「我才不是。」

「你是。你就做你自己吧，大家都會喜歡你的。」

喬許有點臉紅。「我們裝完樹葉要不要去踢足球？我當守門員。」

「好啊，不過你等一下踢球時，請用點別的適應方式，別再用你那張嘴啦！」小艾最後一下跳進落葉堆時大喊。她坐起身來又補充說：「大自然中，最能適應環境的物種才能生存下來喔。」

「什麼意思？」

「簡單來說，就是等一下踢球我會痛宰你一頓！」

「我們等著瞧。」

「那就拭目以待！」小艾看到喬許一起來裝落葉，對他露出笑容。

當天稍晚，小艾一直在思索喬許把自己隱藏起來，在別人面前扮演另一個自己的事。她翻遍裝落葉的袋子，抓出一把混著各種顏色的樹葉。她按顏色把樹葉排好，想著喬許說過的話，做出一幅藝術創作。小艾拍了一張相片，然後把相片放進她的科學筆記本中。

我最喜歡的落葉植物

我最喜歡的針葉植物

我的科學新詞

光合作用

植物利用陽光、水和二氧化碳產生糖的過程。

葉綠素

植物裡吸收陽光的綠色物質。

闊葉植物、針葉植物、草和藻類都有葉綠素。

生產者

可以自己製造食物的有機體。

花和植物能製造自己的食物。

消費者

把其他有機體當食物的有機體（就是吃掉其他生物的意思）。我就是一個消費者。

兔子和綿羊是消費者。

我還想知道的事：

- 什麼東西能讓人改變呢？

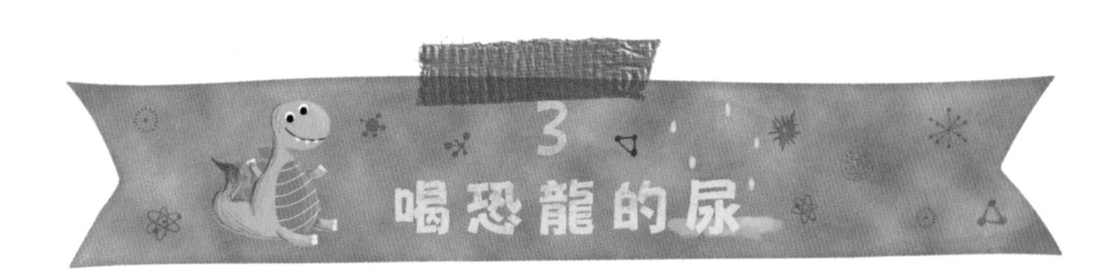

小艾喜歡跳進繽紛的落葉堆裡，也喜歡在萬聖節玩變裝，不過她在秋天裡最喜歡做的事情，就是踢足球。今年的足球特別好玩，因為小艾跟伊莎貝爾在同一隊。她們因此約定了新的慣例：每週六早上比賽的前一晚，到其中一人家裡過夜。

「小艾，別忘了帶你的腿部護具。」媽媽提醒她。

「還有你的雨衣。」小艾爸爸輕聲說，手上正切著要給她們中場休息當點心的柳橙。

「我討厭下雨。我打賭有一半的隊員都不會來。」小艾嘀咕著。

「他們會來的，今天是季後賽*。」伊莎貝爾說。

小艾爸爸剛切好最後一顆柳橙，電話就響了。

---

*註：通常季後賽中，球員的表現會影響下次賽季的出賽機會和位置。

「喂，你好。」小艾媽媽接起電話。「淹水了？不。伊莎貝爾也在這裡。我會通知她的父母。好的，謝謝你打電話來。」

「拜託告訴我，不是我想的那樣。」媽媽一掛完電話，小艾就追著她問。

「恐怕就是。是你們的教練打來說場地太溼，不能比賽，所以今天這場就取消了。抱歉了，女孩們。」

「不！我好不容易今天可以先發。」小艾哀號。

「我確定下一場比賽你會是先發。」伊莎貝爾試圖安慰她。

「那我們現在要做什麼？下雨天根本沒事做。」

小艾媽媽走到餐桌旁跟她們坐在一起。「你們可以看個電影，或是——」

「有什麼我們可以在戶外做的事嗎？」小艾問。

「你有多的雨鞋。你們要不要去踩踩水窪玩個水？」

「呃，我的腳很大，不可能穿得

進小艾的雨鞋。」伊莎貝爾說。

「不介意的話，你可以穿我的，就在那邊。」小艾媽媽指著廚房旁邊的小置物間。

「為什麼要下那麼多雨？都已經下兩天了。」小艾說。

「想知道一些跟雨有關、很酷的事情嗎？」媽媽問她們。

「那不就是雪嗎？」小艾爸爸大笑著插嘴。「抱歉，講了個有點失敗的科學笑話。」

「老爸，那有什麼好笑的嗎？」

「你媽媽剛才說：『想知道一些跟雨有關，很酷的事情嗎？』如果太過酷寒的話，雨就變成雪啦，懂了嗎？」

「我聽懂了，但這有什麼好笑的？」小艾語帶調侃。

「我是要說，」媽媽繼續：「跟雨有關很酷的事情就是，現在正在下的雨，很有可能就是恐龍喝過的水。」

「這又是另外一個笑話嗎？你們家的人實在是有很怪的幽默感。」伊莎貝爾說。

小艾對伊莎貝爾笑了笑。

「不是，這是真的。」小艾媽媽說。

「但是恐龍生活在地球上是很久很久以前的事情，那時候的水不是應該都消失了嗎？」小艾疑惑的問。

「水不會就這樣消失的。」小艾爸爸邊說邊像魔術師一樣咻的揮動雙手。

「我想小艾的意思應該是，那些水不是應該都已經蒸發了嗎？」伊莎貝爾提出她的看法。

「沒錯，水是會蒸發，但水也還會再下回來。」小艾媽媽回答她。

爸爸擺動他的雙手說：「這是一種魔法。」

「並沒有那麼神奇。其實就是水循環的關係。地球上的水早在恐龍出現之前就已經存在了，以後也會一直存在，比我們存在得還要久。」媽媽伸手拿了一個鍋子。「我來示範給你們看。」她把鍋子放到水龍頭下，裝了大約2.5公分高的水，再放到爐子上開大火。

「這個鍋子裡的水可能去過許多地方，

像是恐龍的肚子裡，或是熱帶地區的海洋，也可能凍結在冰河裡過，或順著尼羅河流動過，當然也可能曾經是……」

「沖馬桶的水嗎？」小艾問。

「也太噁心了吧。我們喝的是馬桶水嗎？」伊莎貝爾急著想知道。

「聽我說完。地球上的水不管以什麼樣子的型態出現，都會自我循環，循環就像一個圓圈，不斷的重複再重複同一個過程。」

「那跟恐龍喝的水有什麼關係呢？」小艾還是不懂。

「當鍋子裡的水開始沸騰，會發生什麼事情呢？」

「水會滾。」小艾回答。

「那這些水會全部都留在鍋子裡嗎？」

伊莎貝爾搶答：「不會，那些水會開始變成水蒸氣。」

小艾媽媽微笑著說：「完全正確！地球上的水也是同樣的道理。」

「但是大海又沒有沸騰，要怎麼變成水蒸氣？」小艾提出她的疑惑。

「水就算不沸騰，還是會由蒸發變成水蒸氣。事實上，地球上絕大部分的水都是海水，所以……」

「也就是說，地球上大部分蒸發的水蒸氣，都來自大海囉？」小艾皺起眉頭。

「沒錯！我現在把水煮滾是為了加速這個過程，因為水的溫度越高，蒸發速度就越快。不過，就算是冷水也會蒸發喔。想想看，假設你放一杯水在屋外，裡面的水最後都會不見。那杯水都去了哪裡呢？並沒有消失，只是都蒸發了。」

「我懂了！」伊莎貝爾說：「而且一杯水放在外面，夏天的時候會蒸發得比秋天快，因為夏天比較熱。」

「就是這個道理。蒸發的水變成了水蒸氣，也就是氣態的水。你們看——看到從鍋子裡散發出來的蒸氣了嗎？像一朵雲一樣。最終這些蒸氣會逐漸聚集起來形成雲，然後再降回地面。」

「就像雨或是雪。」伊莎貝爾補充說。

「是的，這些小水珠會落在

某個地方，也許是海裡，也許是湖裡，或是落進草叢中，最後再次蒸發回到天空上。」

「然後整個過程又重來一遍嗎？」伊莎貝爾問：「不停的重來嗎？」

「沒錯，整個水循環的過程會一直重複再重複……」

「那恐龍喝過的水，也有可能存在在這些柳橙裡囉？」小艾指著那盤切好的柳橙說。

「對呀，那些水從以前到現在，可能已經藉由水循環有過無數次的旅行，最後可能會變成柳橙生長用的水。」

小艾伸手拿了一片柳橙咬了一口。「但我現在把柳橙吃掉了，這個循環應該就結束了吧？」

「小艾？」爸爸用古怪的眼神看著她說：「你可以想像一下剛才你吃下的那些柳橙汁液，接下來會去那裡嗎？」

「進到我的身體裡。」小艾邊嚼邊回答。

「然後再去哪？」伊莎貝爾咯咯的笑出聲。

「哦，我懂了，好噁心喔。」

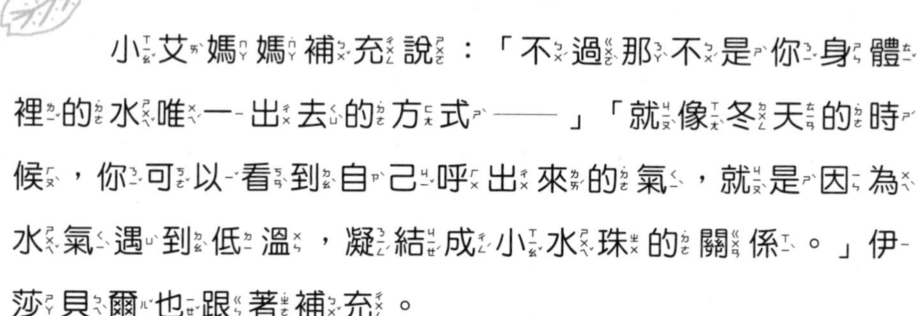

小艾媽媽補充說：「不過那不是你身體裡的水唯一出去的方式——」「就像冬天的時候，你可以看到自己呼出來的氣，就是因為水氣遇到低溫，凝結成小水珠的關係。」伊莎貝爾也跟著補充。

「是的，沒錯。有些則是變成汗水排出。大部分進入你身體裡的水，都去幫忙維持你的身體機能了。不過你說得對，小艾，有一部分還是會進到廁所馬桶裡喔。」

「那沖下去的水都去哪裡了？」小艾問。

媽媽回答她：「那些水被沖走之後，就會被處理起來。最終還是會再次蒸發。」

「等一下，所以把足球場給淹掉的那些水，有可能是我們廁所用過的水？」小艾再問。

「也有可能曾經是某個職業足球員的汗水。也太酷了吧！」伊莎貝爾搶著說。

「普通酷啦。」小艾回應她。

「那你想要去外面玩嗎？」伊莎貝爾問她。

「早跟你們說了快去，去吧，

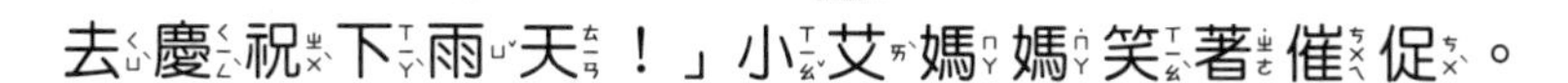

去慶祝下雨天！」小艾媽媽笑著催促。

「與其說『下雨』天，我覺得應該叫『恐龍尿』天。」小艾說。

「我知道！因為雨水可能曾經是……」伊莎貝爾嗤嗤笑著穿上雨鞋。

「或是可以叫『腋下流汗』天？還是『浴室排水管』天？還是……」

「好了、好了，我知道你們兩個現在都很了解水循環是怎麼回事了。」小艾媽媽說：「我要用這鍋水去泡茶，你們去外面好好玩啊。」

「好好享用你的恐龍尿茶吧！」小艾笑著對媽媽說完，就和伊莎貝爾一起咯咯笑著往外面跑去。

她們到外面後，小艾媽媽示範給她們看如何用水、食用色素和密封塑膠袋自製水循環的模型。小艾照著做了一組，然後想到要怎麼用她的模型來進行一場實驗。

水循環實驗

我的疑問：

蒸發作用在太陽很大的地方進行得比較快，還是在陰暗的地方進行得比較快？

資料蒐集：

從參考資料發現，太陽照射的溫度是水循環的關鍵，是蒸發作用不可或缺的要素。

假設：

如果我在有陽光充足的窗戶邊和陰暗的窗戶邊，
各放一組塑膠袋水循環模型，有太陽的那組會比較快開始蒸發，因為那裡溫度比較高。

實驗材料：

水、食用色素、麥克筆、2個可以密封的夾鏈袋。

實驗步驟：

1. 在密封塑膠袋最上面的地方用麥克筆畫幾朵雲。
2. 裝大約3到5公分高的水到袋子裡。
3. 在水裡加一滴藍色食用色素。
4. 壓緊密封袋夾鏈。
5. 重複上面步驟再做一袋（要確定裡面裝的水量相同，不然實驗就不公正了）。

6. 把一個袋子用膠帶貼到能晒到很多陽光的窗戶上。
7. 把另外一個袋子用膠帶貼到晒不太到太陽的窗戶上。
8. 觀察這兩個袋子，直到裡面的水開始蒸發，或是持續觀察一段時間（例如兩天）。

觀察：

陽光充足那邊的水循環模型	陰暗窗戶那邊的水循環模型

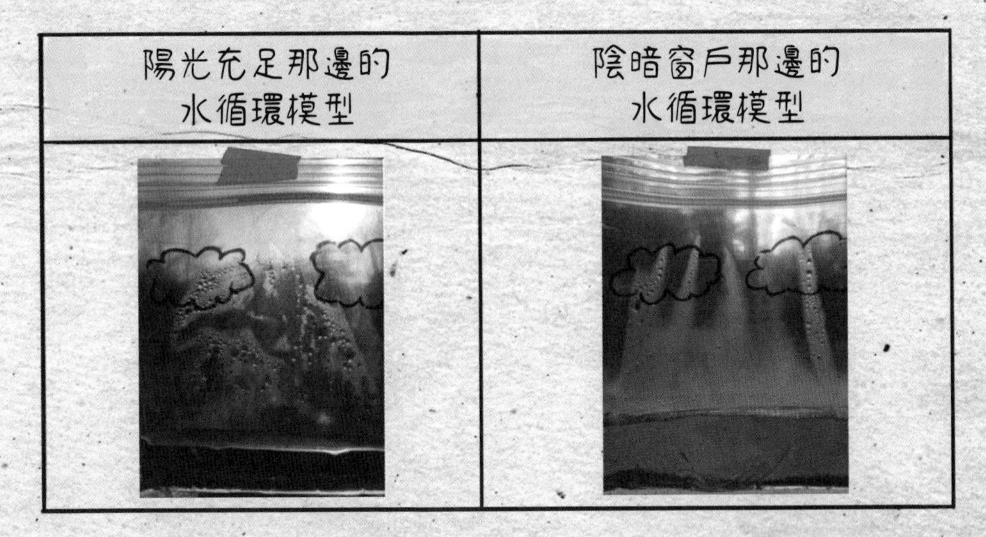

結論：

兩組模型之間的差距很小。事實上，在陰暗窗戶邊的那袋也出現了水蒸發的情況，而且水珠比較快附著到袋子上。我認為是因為我們正在同一個房間裡使用壁爐。房子裡的溫度影響了這次實驗。應該要選在家裡沒用壁爐和暖氣的時候做這個實驗，這樣才能利用太陽的溫度來進行實驗，並且（可能）顯出差別。

水循環 水不斷的循環、
再循環、再循環……

我的科學新詞

水循環

水從地球上的海洋、淡水、陸地、植物、動物移到天空的循環過程。

蒸散作用

水離開植物並蒸發到空氣中。

有點像是植物的汗。

蒸發

蒸氣離開正在沸騰的水。

水從液態轉變成氣態。如果把水加熱到滾的情況，就叫沸騰。

凝結

水蒸氣聚集在一起，變成水珠。

降水

雨、雪、霰或冰雹從天空中的雲降下來。

雨　雪　霰　冰雹

我還想知道的事：

- 水一開始是怎麼出現在地球上的？
- 雲是怎麼形成的？為什麼雲有很多種不同的形狀？
- 一杯水裡有多少個水分子？游泳池裡有多少？湖裡有多少？海洋裡有多少？整個地球上又有多少呢？

4 現在幾點鐘？

小艾正在和爸爸看美國職棒世界大賽的首場比賽，急切的想知道接下來的賽況。當投手揮動手臂，投出一個快速球直接進了捕手的手套，小艾爸爸把上半身往電視靠得更近。

「不！」爸爸對著電視大吼大叫：「又是三振！他根本沒揮棒！」

鏡頭轉向道奇體育場裡的一片藍白球衣海。洛杉磯道奇隊的球迷歡欣鼓舞，紛紛舉起畫著「反K*」的標誌牌，表示他們對又一個三振感到驕傲。

「他們會反擊的，波士頓紅襪永遠都會反擊回去。」

「比賽還早著呢，才剛開始……」爸爸看著時鐘自言自語。「不過，小艾，我們家的時間已經不早了。九點了，你該上床睡覺了。」

---

* 註：「反K」是棒球比賽的一種記錄代碼，代表打擊者未揮棒就被三振。

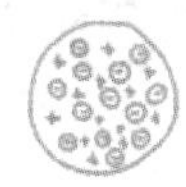

「老爸，我想要熬夜把比賽看完。這是世界大賽耶。」

「小艾，現在才三局上半，比賽至少要打到十一點，甚至更晚。」

「為什麼世界大賽要這麼晚才開始打？一點都不合理。小孩也喜歡看棒球啊。」

「會選這個時間打，是因為這樣整個美國的人才能同時一起看比賽。」爸爸回答她，但眼睛仍然盯著電視。

「什麼意思啊？」

「我們家這裡現在晚上九點，但是加州現在才六點，大家才剛下班要回家。」

「等等——你是說現在，也就是此時此刻，世界上有兩個不同的時間？太誇張了吧。」

「事實上，就在此時此刻，全世界時鐘顯示的時間，遠比兩個還要多很多。」

「你到底在說什麼啊？」

「還記得你的小熊阿布嗎？還有我們講過地球是如何繞著軸心花24小時自轉一圈嗎？」

「還有花365天繞太陽一圈。」

「記得很清楚喔。想像一下小熊阿布，現在半邊的地球是晚上，另外一邊是白天。所以現在時間幾點是取決於你在地球上的哪個位置。」

「我理解為什麼我們和澳洲時間不一樣。但是為什麼我們跟加州的時間也不一樣呢？」

「緬因州有全美國最早的日出。猜猜你在緬因州的哪裡可以最早看到太陽？」

「哪裡？」

爸爸指著小艾說：「跟你名字艾卡迪亞很像的地方。」

「阿卡迪亞國家公園（Acadia National Park）？太酷了！」

「嗯哼，就在凱迪拉克山頂上。當緬因州的太陽升起時，美國其他地方都還處在黑暗中。隨著地球持續轉動，陽光會逐漸從東到西，灑遍整個國家。或者像是現在，我們這裡已經天黑，但是美國某些地方的天仍然亮著。」

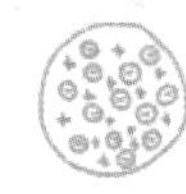

小艾看向電視裡的畫面，發現爸爸說的沒錯。她看見在加州的道奇體育場天空是一片橘粉色，而他們所在的緬因州卻是一片漆黑。

「我們都在同一個時刻，卻有不同的時間，太瘋狂了。等一下——如果加州比我們慢三個小時，那夏威夷現在是幾點？」

「夏威夷跟我們差五個……或是六個小時，要看現在是幾月，所以應該是——」

「夏威夷的小孩現在可能還在上學！我打賭那邊的小孩正在抱怨為什麼世界大賽要這麼早就開始打。不過他們的時間還是比我們好啊，他們可以看到最後幾局的比賽，而不是只能看前幾局。到底一開始是誰想到要把時間分區的？」

「以前根本沒有時區的分別。人們大致用太陽來猜測當下的時間，或是依靠市鎮中心的鐘。大約在19世紀晚期，時區的概念才被建立起來。你可以想出其中的重要原因嗎？」

「人們以前搞不清楚時間，所以總是遲

到，有一天終於受不了了？」

「猜得不賴。19世紀末發生了一件事情，讓人們意識到他們需要有標準時間。」

「標準時間是什麼？」

「就是被制定好的時間。」

小艾開始回想她一定要遵守的時間有哪些。「是因為小孩開始去上學，如果他們遲到就會有大麻煩的關係嗎？」

「這個也猜得不錯。你再想想某件影響了所有人的事情。」

「當時很多人開始上教堂，是不是這個原因呢？」

「暫停一下——我不想錯過這個打者上場。」

「錯過」這個詞在小艾腦中盤旋不去。什麼東西是她看錯時間就會錯過的呢？她會錯過電視節目，但是當時並沒有電視。她會因為遲到而錯過飛機，但是當時並沒有飛機，當時有……

「火車。是因為火車的關係！」

「你答對了！因為火車的關係，火車不

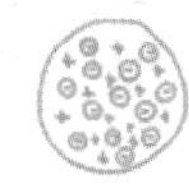

能依據大家隨便覺得的時間來行駛。想像一下，如果人們不停的錯過火車會怎樣？所以在1880年代時，建立了時區，讓所有事情都變得更井然有序。」

「也讓小孩變得必須在特定的時間去睡覺，太不公平了。」

「我想，在有時區分別之前的小孩，還是有上床睡覺時間的。」

「他們要怎麼樣很準確的決定哪個時區在哪裡結束，下一個時區又從哪裡開始呢？」

「對那些正好落在兩個時區分界線上的州來說，這問題真的滿棘手的。舉個例子，印第安納州一部分落在一個時區，其他部分落在另一個時區，所以你可能在下午5點出門，開車經過隔壁鎮，發現那裡的時間才剛過4點。」

「好酷喔。那我們來假裝現在我們在印第安納州，而且是在早一個小時的那部分。」

「小艾，等一下。現在是滿壘又兩好三壞球。」

「全國都在同時看著這一刻，大家的時間卻不一樣，光用想的就覺得好酷——」

「打擊出去——好！平飛球……太棒了！得分！」

「我可以至少待到看完這一局嗎？我要看到夏威夷的小孩放學回家開始看比賽再睡，這樣才公平。這樣就好像我們是棒球比賽裡彼此的代跑者，只不過我們代替的是看電視。」

「我不喜歡讓夏威夷的小朋友失望。你可以待到看完這一局，但不可以討價還價。快享受這場比賽吧，這局結束後就是睡覺時間囉。」

「一言為定。」小艾看向電視，盯著裡頭的夕陽，又轉頭看著窗外那一片緬因州的黑夜，以敬畏的心情讚嘆世界真奇妙。

太陽下山啦

10月25日各美國職棒地點的日落時間

球隊名稱	體育館地點	日落時間
波士頓紅襪隊	麻薩諸塞州　波士頓	下午5:47
紐約洋基隊	紐約州　紐約市	下午6:01
紐約大都會隊	紐約州　紐約市	下午6:01
費城費城人隊	賓夕法尼亞州　費城	下午6:07
巴爾的摩金鶯隊	馬里蘭州　巴爾的摩	下午6:13
華盛頓國民隊	華盛頓哥倫比亞特區	下午6:16
邁阿密馬林魚隊	佛羅里達州　邁阿密	下午6:44
坦帕灣光芒隊	佛羅里達州　聖彼德斯堡	下午6:52
匹茲堡海盜隊	賓夕法尼亞州　匹茲堡	下午6:25
多倫多藍鳥隊	加拿大安大略省　多倫多	下午6:18
克里夫蘭印第安人隊	俄亥俄州　克里夫	下午6:30
亞特蘭大勇士隊	喬治亞州　亞特蘭大	下午6:52
辛辛那提紅人隊	俄亥俄州　辛辛那提	下午6:45
底特律老虎隊	密西根州　底特律	下午6:35
芝加哥小熊隊	伊利諾州　芝加哥	下午5:54
芝加哥白襪隊	伊利諾州　芝加哥	下午5:54
密爾瓦基釀酒人隊	威斯康辛州　密爾瓦基	下午5:53
聖路易紅雀隊	密蘇里州　聖路易	下午6:09
明尼蘇達雙城隊	明尼蘇達州　明尼亞波利斯	下午6:11
堪薩斯市皇家隊	密蘇里州　堪薩斯	下午6:26
休士頓太空人隊	德克薩斯州　休士頓	下午6:40
德州遊騎兵隊	德克薩斯州　阿靈頓	下午6:44
科羅拉多落磯隊	科羅拉多州　丹佛	下午6:06
亞利桑那響尾蛇隊	亞利桑那州　鳳凰城	下午5:42
西雅圖水手隊	華盛頓州　西雅圖	下午6:03
洛杉磯道奇隊	加利福尼亞州　洛杉磯	下午6:07
洛杉磯安那罕天使隊	加利福尼亞州　安那罕	下午6:06
聖地牙哥教士隊	加利福尼亞州　聖地牙哥	下午6:04
奧克蘭運動家隊	加利福尼亞州　奧克蘭	下午6:18
舊金山巨人隊	加利福尼亞州　舊金山	下午6:19

數據觀察

* 因為時區制度的關係，西雅圖當地的日落時間幾乎跟紐約的一模一樣。實際上，紐約的太陽比西雅圖的早三個小時下山，但是西雅圖的時鐘設定比紐約慢三個小時，所以即使晚三小時才日落，日落的時候也才剛6點。這就是時區的作用！

* 嘿，等一下！匹茲堡跟費城在同一個時區裡，而且這兩個城市都在賓夕法尼亞州裡，緯度也差不多，為什麼匹茲堡的日落時間比費城晚了18分鐘呢？是因為費城在賓夕法尼亞州的東邊，匹茲堡則在西邊，東邊地區實際的日落時間會比西邊早。不過費城的日出時間也比較早，所以這兩個城市的日照時間一樣長。

* 再等一下！匹茲堡跟佛羅里達州的邁阿密在同一個時區裡，而且也差不多在同一條經度上（大約是西經80度左右）。那為什麼邁阿密的日落時間比匹茲堡晚19分鐘呢？噢，我懂了。是因為日出與日落時間除了要看經度，還要看緯度位置，邁阿密比較靠近赤道，所以在10月25日受到的日照時間比匹茲堡長，太陽下山就比較晚。

* 還有，亞利桑那州為什麼跟周圍的地區差這麼多？原來是因為亞利桑那州沒有加入日光節約時間制度。

自轉24小時＝24個時區？

地球自轉一圈要花24個小時，所以不是應該也要有24個時區嗎？每轉一個小時就等於一個時區？

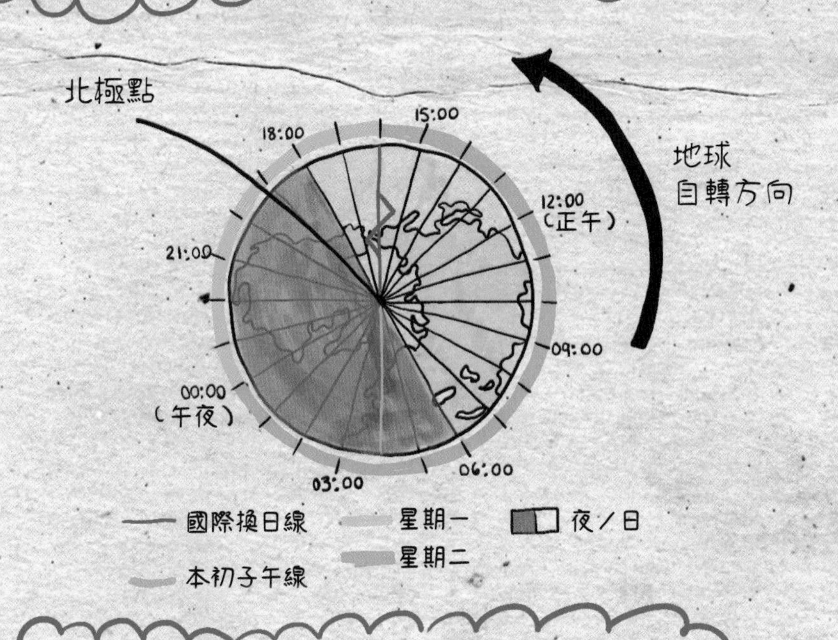

我原本是這樣想的！但是因為政治因素，時區制度變得很複雜。時區分界線為了配合國界與州界，呈現不規則的鋸齒型狀，所以我們最終有超過24個時區。

美國與加拿大共有8個時區

夏威夷—阿留申時區

（遠在加州西邊3200多公里）

我的科學新詞

時區

世界上，任何一個特定的時區內，其中的所有時鐘都會設定成一樣的時間。

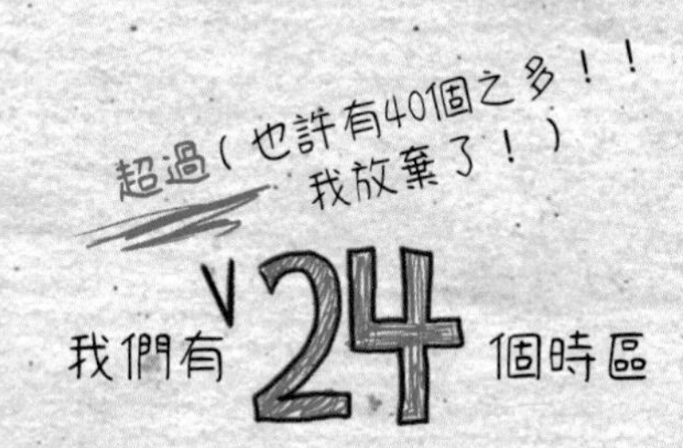

國際換日線

標示新的一天正式開始的一條線。接近經度180度，但是在太平洋各個島之間折來折去，呈現不規則鋸齒形狀。

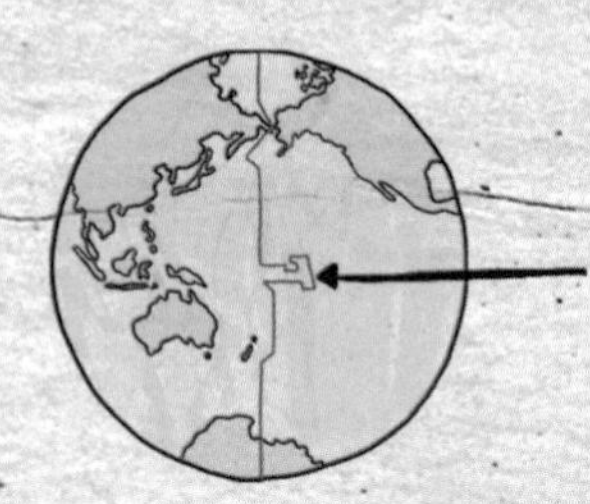

格林威治標準時間（GMT）

GMT是本初子午線上，也就是位置在經度0度0分0秒的時間。全世界時間是以這裡的時間為標準來設定的。本初子午線是經過英國格林威治的經線（因為英國人發明了這個系統），和另一頭的國際換日線相對。

日光節約時間（DST）

春天的時候（美國和加拿大的三月），白天時間變長，有些國家會把時鐘調快一小時。這樣人們就能早起，充分利用變長的日照時間。在很多國家也稱為「夏令時間」。

日光節約結束後

秋天的時候（美國和加拿大的十一月），當白天時間變短，日光節約的國家會把時鐘調慢回來一小時，這樣當人們去上班或上學的時候，才不會天還黑黑的。不過我也發現，世界上超過60%的國家一整年都使用標準時間，不會有日光節約時間。

我還想知道的事：

- 日光節約時間的構想是從哪裡來的？
- 如果你拚盡全力（用汽車、火車或飛機），能在地球上多少個不同地點慶祝跨年呢？想到一天24小時都在慶祝跨年就覺得好酷喔。

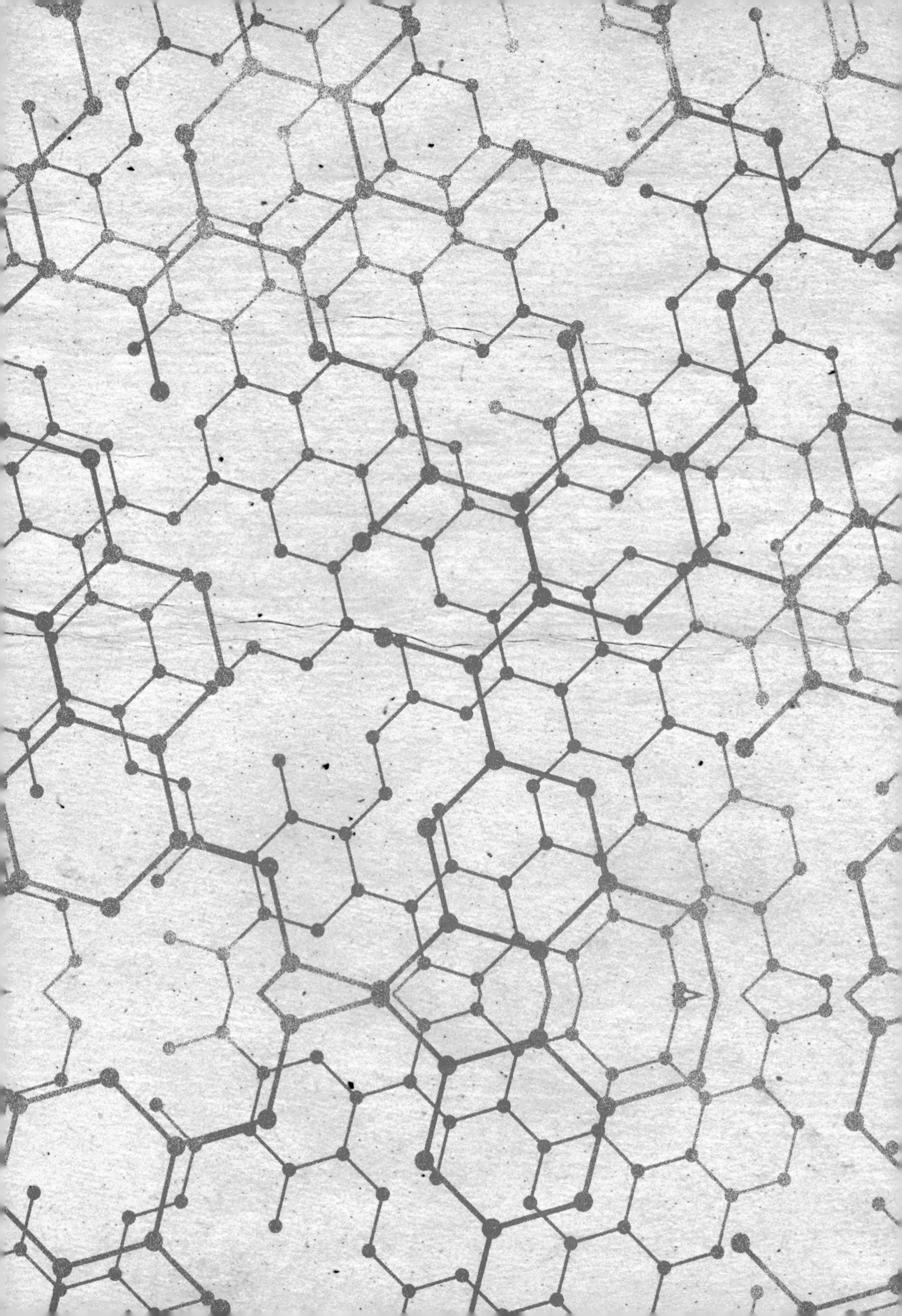

5
細菌大戰

小艾跟伊莎貝爾一起走回小艾家的廚房，她們剛剛花了兩個小時到處敲門喊「不給糖就搗蛋」，現在兩人手上的枕頭套都裝滿了糖果。

「哇，你們真是大獲全勝。」小艾媽媽說，她看著兩個女孩把手中沉重的枕頭套砰一聲放到桌上。

「我愛萬聖節。」小艾大聲宣布，然後拆開一塊糖果丟進她的嘴巴裡。

「大家有看懂你們的裝扮嗎？」媽媽問她們。

「沒有。」伊莎貝爾回答，並揮了揮她的蝙蝠翅膀。

「大家的服裝都在比誰可怕，他們才不管點子巧不巧妙。我們看到很多殭屍跟餓鬼。」小艾一邊擦掉臉上的浣熊妝一邊補充說。

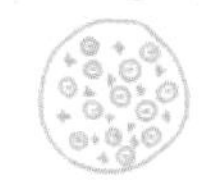

「夜行動物也很恐怖啊。沒有人想在晚上遇見臭鼬。貝特跟我可是有過很慘痛的教訓。」小艾媽媽回想。

這時傳來一陣響亮的敲門聲，小艾媽媽拿著一盆快空了的糖果大碗去開門。「你好啊，喬許，你這身服裝很不錯！」

「謝謝！」喬許穿著一身巨大的培根裝走進來。貝特跑向喬許，開始一直聞他，還對他搖尾巴。

小艾笑著說：「貝特，他不是真的培根啦。你的『不給糖就搗蛋』戰績如何？」

「很棒！」喬許舉高他那個快裝滿的袋子說：「我可以跟你交換一些糖果嗎？」

「好啊。」小艾翻過她的枕頭套，把包裝繽紛的糖果倒滿整張桌子。

伊莎貝爾看了看自己的袋子說：「我也要跟你們交換。」

喬許看著伊莎貝爾的翅膀和包成兩隻尖耳朵的黑色長髮。「伊莎貝爾，我喜歡你的蝙蝠裝。」然後他看向小艾臉上糊掉的顏料。「你本來是扮什麼？」

小艾舉起她灰黑相間的尾巴說：「我是一隻浣熊，看懂了嗎？浣熊跟蝙蝠在晚上出沒，我們是……」

「讓我猜猜——　你們都得了狂犬病？」喬許笑著說：「抱歉，我本來想開個玩笑。」

「真好笑。我們是『夜行動物』啦。」小艾揭曉答案。

「那是什麼？」喬許問。

「就是晚上才會出現的動物，懂不懂？『不給糖就搗蛋』都是在晚上玩的。」伊莎貝爾搶著回答。

「酷喔。我扮成培根是因為我超喜歡吃培根。我爸爸甚至找到聞起來有培根味道的香水。你們聞聞看。」喬許先把手伸向小艾，再給伊莎貝爾聞。

伊莎貝爾笑著說：「我現在知道為什麼貝特一臉疑惑。你真的有培根的味道。」

小艾吃著巧克力棒，開始整理她的糖果。「回來討論一下糖果。跟你們交換之前我要把我的糖果分類一下。我最喜歡的、普通喜歡的、最不喜歡的，還有這一堆花生巧

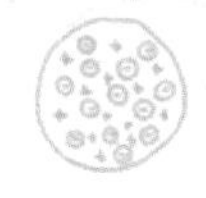

克力杯，我要留給我爸爸，他最喜歡吃這個了。」

喬許也開始分。「我只有分成兩種，我可以吃的糖果，還有我不能吃的糖果。」

「為什麼會有你不能吃的糖果？」伊莎貝爾問他。

「因為我對花生過敏。」

喬許從他的袋子裡拿出一個橘色包裝的糖果，放到小艾桌上那一堆裡。「這個花生巧克力杯給你爸爸。」

「所以你從來沒有吃過花生巧克力杯？太慘了。」伊莎貝爾說。

「我已經有點習慣了，」喬許笑著補充說：「如果我對培根過敏的話就會更糟糕。」

「你吃到花生會怎麼樣？」伊莎貝爾問他。

「我只有吃過一次。那次之後才知道我對花生過敏。我的嘴巴變得又紅又癢，喉嚨很緊，沒有辦法呼吸。」喬許說。

「聽起來超嚇人。」小艾拿起一張花生巧克力杯的包裝紙，「我想不通，這糖果這麼小一塊，怎麼會對你造成這麼大的影響呢？」

「如果我吃到花生，我的身體就會以為有很糟糕的東西跑進來，然後試著要對抗它。我的醫生說，這就有點像我的身體以為花生是敵人，所以要向它們開戰。」喬許看向小艾媽媽問：「對嗎？」

「差不多就是這個意思。你的免疫系統會對抗任何它認為正在傷害你身體的東西。當你感冒或是傷口被細菌感染，你的免疫系統會幫助你的身體痊癒。」

小艾發問：「也就是說大部分時間，免疫系統對我們來說都是好的囉？」

媽媽回答她：「事實上，是非常好。就像醫生說的，我們的免疫系統擁有一隊超級英雄為我們奮戰，那些超級英雄包括白血球和淋巴結。」她摸了摸小艾的脖子。「有一部分淋巴結在這裡，就在下巴和耳朵旁邊。你生病的時候有沒有注意過，你的脖子會腫起來？」

伊莎貝爾提出疑惑：「那免

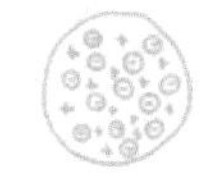

疫系統要怎麼幫助我們的身體啊？」

「如果你受傷，細菌從傷口進入你的身體，免疫系統中好的細胞就會去摧毀壞的細菌細胞；如果你中了病毒，那病毒就會攻擊你的身體，並且占領你某些好的體內細胞，把那些細胞變成壞細胞。壞細胞會複製並繁殖出更多壞細胞。所以一旦你的免疫系統知道身體裡有入侵者，就會開始摧毀壞細胞，不讓它們繼續繁殖。」

「那現在我的身體裡，很有可能正在進行一場轟轟烈烈的戰爭？」小艾問。

媽媽點點頭說：「沒錯，你的免疫系統無時無刻都很努力工作。我們通常感受不到它們正在運作，直到生病時才會有感覺。」

喬許也搶著發問：「但我不懂，像我的過敏症是怎麼回事？我的免疫系統竟然對抗不應該對抗的東西。是不是我身體裡的超級英雄不太聰明，或是它們欺善怕惡？為什麼它們不能分辨花生跟感冒的差別？」

小艾媽媽拍拍喬許的背告訴他：「你的免疫系統很聰明，也不是欺善怕惡。它們正在賣力的工作，保護你的安全。只是有些人的免疫系統資料庫不同，會把平常出現的東西當成要對抗的事物。」

「跟其他人不一樣的感覺真的很糟糕。」喬許一邊說，一邊把他不能吃的糖果挑出來。

伊莎貝爾也分享自己身邊的經驗：「我姊姊對花粉過敏，我媽媽對貓嚴重過敏。我一直很想養貓，但是因為她會過敏的關係，就沒辦法養了。」

「那你不會覺得很討厭嗎？」喬許問她。

「有一點，但是我媽媽也拿她的過敏沒辦法。她其實很喜歡貓。」伊莎貝爾說到這裡笑了一下。「她只要看見貓，就控制不了自己去摸牠們，然後就開始打噴嚏，眼睛裡都是眼淚。我想那應該是她的免疫系統正在保護她。」

就在這時候，小艾突然打了一個大噴嚏，正要再打第二個的時候——

「摀住你的嘴巴鼻子！」伊莎貝爾跟喬許異口同聲的說。

小艾用手肘蓋住口鼻，才把第二個噴嚏

打出來。「不！這是怎麼了？」

「你剛才噴出成千上萬個細菌甚至是病毒。如果是感冒的話，希望你的免疫系統能趕緊幫忙處理。」小艾媽媽說。

「我們幾個的免疫系統也要幫忙讓我們遠離那些細菌和病毒。」伊莎貝爾加了一句。

小艾媽媽問他們：「你們知道預防感冒最好的辦法是什麼嗎？」

「向我們辛勞的免疫系統表達真誠的感謝？」喬許說。

小艾媽媽笑著說：「是的，那你知道該怎麼做嗎？就是用肥皂洗手，那是最重要，也是你唯一能用來預防細菌和病毒散播的事情。想想你們今天晚上可能接觸到多少啊！。」

「讓我們來幫助身體裡的超級英雄吧！」伊莎貝爾用唱歌的語調，邊說邊張開她的蝙蝠翅膀，滑向廚房的水龍頭。

「然後再來餵它們吃點東西！」小艾一邊說，眼睛一邊飄向她的糖果。媽媽搖搖頭，笑著看他們洗完手，開心的跑去吃糖果。

隔天，小艾媽媽拿了一種可以模仿細菌的特別乳液給小艾，這種乳液在紫外線燈的照射下會發亮。你可以把乳液擦在手上過一天，用紫外線燈看看你是怎麼散播（假）細菌的。小艾很驚訝，細菌竟然這麼容易就轉移到其他地方或是人的身上。她把手上的細菌乳液洗掉後，想到了一個實驗。

我的細菌實驗

我的疑問：肥皂洗手能擺脫細菌的效果有多好？快快洗一下就夠了嗎？還是要洗得更澈底一點？

資料蒐集：我找了一些資料，看看洗手怎麼保護我們遠離細菌。我從來不曉得世界上的肥皂分兩種：普通肥皂跟抗菌肥皂。抗菌肥皂能夠殺死細菌（瓶子包裝上聲稱可殺死99.9%的細菌）。不過有些人相信這是有缺點的，細菌會適應，接著對抗菌藥劑更有抵抗力。普通的肥皂也能達到除菌功效，只不過作法是把細菌抬離你的皮膚表面，再讓水把它們沖走（超酷的！）。

假設：洗手洗得越久，就能移除更多「細菌」。

實驗步驟：

1. 讓你的實驗對象（我是找我媽媽）把發光（假）細菌乳液塗在手上。
2. 在紫外線燈下觀察實驗對象的雙手。
3. 幫實驗對象的手在紫外線燈下照相。
4. 讓實驗對象用肥皂洗手10秒鐘。
5. 確認實驗對象的手是乾的。
6. 幫實驗對象的手在紫外線燈下照相。
7. 把乳液全部洗掉重新塗一次發光（假）細菌乳液。
8. 讓實驗對象用肥皂洗手30秒鐘。
9. 確認實驗對象的手是乾的，幫實驗對象的手在紫外線燈下照相。
10. 比較這些照片。

實驗材料：實驗對象、發光（假）細菌乳液、紫外線燈、肥皂、水槽、相機

觀察：

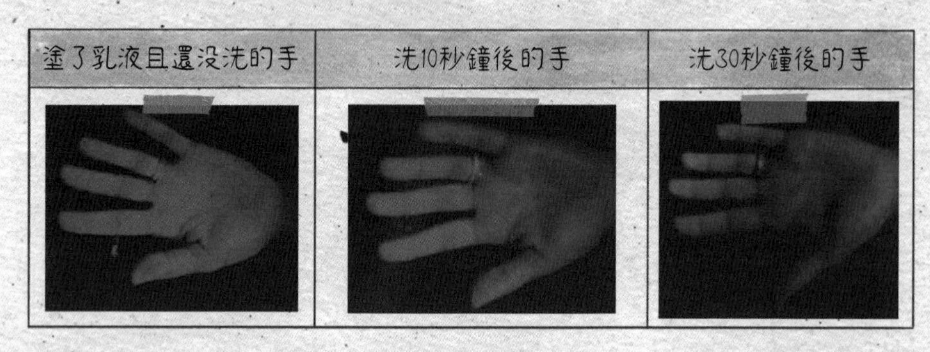

結論：細菌乳液是用假扮的細菌（並不是真的細菌）模擬細菌在手上的樣子，但這樣就能讓我們看得出洗手真的有用。實驗顯示花30秒用肥皂洗手的除菌效果比只洗10秒來得好，而且媽媽說除了細菌以外，洗手也助於消除病毒呢！。照片上不太明顯，但看到我媽媽手上的戒指有多少「細菌」真的很驚人／噁心。指尖看起來是最難清洗到的地方。有時候我趕時間，洗手洗得很倉促，但是之後我會試著洗30秒以上。

我的科學新詞

白血球

保護身體對抗陌生的侵略者跟感染。它們大約只占身體血液的1%。

骨髓

身體骨頭的深處。是製造紅血球與白血球的地方。白血球的壽命只有幾天，所以會一直不停製造新的。

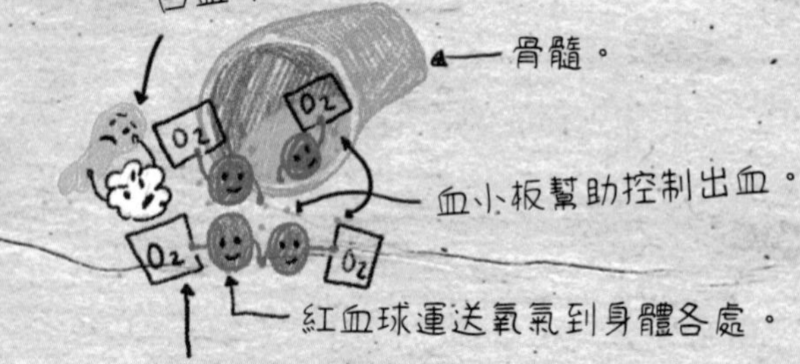

淋巴結

藉由淋巴管互相連結。淋巴管運送還沒過濾過的淋巴液進入淋巴結，然後再運走乾淨的淋巴液。當你的身體受到感染，對抗感染的細胞就會聚集在淋巴結。

脾臟

可以過濾受損或是老化血球的器官。

皮膚

皮膚是一種器官！
是我們免疫系統的第一道防護牆。

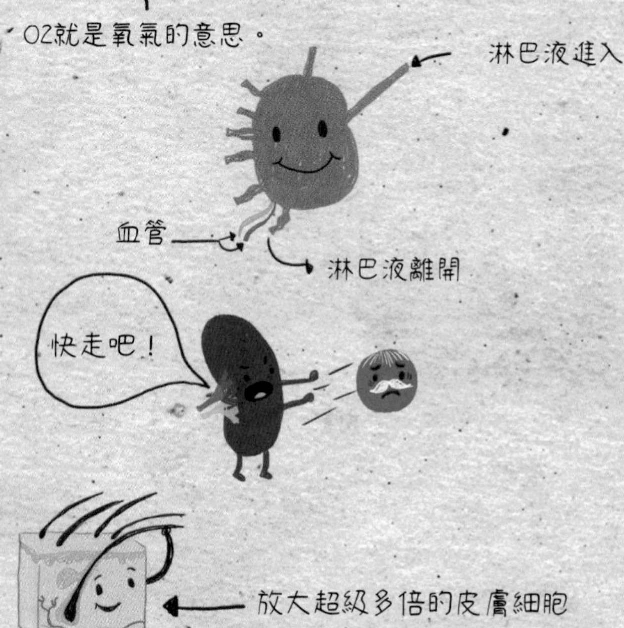

我還想知道的事：

- 我們家哪裡的細菌最多？
- 怎麼做可以讓我的免疫系統更強壯？
- 我才剛接種流感疫苗，流感疫苗會對我的免疫系統產生什麼影響嗎？

附錄：自然課綱對應表

這本書中的故事大多發生在一般常見的生活情境裡。其實一邊讀故事，你也一邊學會了學校安排的課程內容喔！這裡整理了十二年國教國小中年級的自然領域課綱對應表，方便師長還有小讀者跟課程搭配閱讀，相信可以讓你的科學筆記和小科學家的點子更完整更豐富！

課綱主題	跨科概念	能力指標編碼及主要內容	本書對應內容
自然界的組成與特性	物質與能量（INa）	INa-Ⅱ-4 物質的形態會因溫度的不同而改變。	P31-44 水循環與三態變化
	構造與功能（INb）	INb-Ⅱ-4 生物體的構造與功能是互相配合的。	P10-11 青蛙用肺與皮膚呼吸 P12 生物的細胞 P64-69、72 過敏與免疫系統介紹
		INb-Ⅱ-7 動植物體的外部形態和內部構造，與其生長、行為、繁衍後代和適應環境有關。	P10-13 青蛙生長與池塘生態 P18 青蛙的構造與生命週期 P23-24、28 落葉樹與針葉樹 P24-25、29 葉綠素與光合作用 P26 生物適應 P64-69 過敏與免疫系統
	系統與尺度（INc）	INc-Ⅱ-2 生活中常見的測量單位與度量。	P45-59 時區、時差與經緯度關聯
		INc-Ⅱ-6 水有三態變化及毛細現象。	P31-44 水循環與三態變化
		INc-Ⅱ-8 不同的環境有不同的生物生存。	P23-24 落葉與常綠植物
		INc-Ⅱ-10 天空中天體有東升西落的現象，月亮有盈虧的變化，星星則是有些亮有些暗。	P47 地球自轉與日出日落
自然界的現象、規律與作用	改變與穩定（INd）	INd-Ⅱ-1 當受外在因素作用時，物質或自然現象可能會改變。改變有些較快、有些較慢；有些可以回復，有些則不能。	P40-41 水循環實驗
		INd-Ⅱ-2 物質或自然現象的改變情形，可以運用測量的工具和方法得知。	P40-41 水循環實驗 P70-71 細菌實驗
		INd-Ⅱ-3生物從出生、成長到死亡有一定的壽命，透過生殖繁衍下一代。	P18 青蛙的生命週期

自然界的現象、規律與作用	交互作用（INe）	INe-Ⅱ-1 自然界的物體、生物、環境間常會相互影響。	P9-20 青蛙與池塘生態
		INe-Ⅱ-2 溫度會影響物質在水中溶解的程度（定性）及物質燃燒、生鏽、發酵等現象。	P40-41 水循環實驗中溫度影響水蒸發
		INe-Ⅱ-11 環境的變化會影響植物生長。	P24-25 陽光與葉子顏色變化
自然界的永續發展	科學與生活（INf）	INf-Ⅱ-3 自然的規律與變化對人類生活應用與美感的啟發。	P21-23、27、30 跳落葉堆與落葉藝術創作 P45-59 日照、時差與棒球賽時間
		INf-Ⅱ-4 季節的變化與人一生活的關係。	P58 日光節約時間
		INf-Ⅱ-5 人類活動對環境造成影響。	P13-17 垃圾汙染影響池塘生態
		INf-Ⅱ-7 水與空氣汙染會對生物產生影響。	P13-17、20 水質對青蛙的影響
	資源與永續性（INg）	INg-Ⅱ-3 可利用垃圾減量、資源回收、節約能源等方法來保護環境。	P14-17 減少垃圾維護池塘生態

致謝

謝謝強納森・伊頓，以及緹布瑞出版社（Tilbury House）的工作人員，真的非常感謝你們相信這個創作計畫。也謝謝荷莉・哈塔姆用精美的插圖呈現出小艾筆記的神韻。

我的先生安德魯，假如讀者認識他的話，可以在全書各故事中發現他的蹤跡。他從草稿到最後定稿的版本都給了我許多回饋與想法。謝謝你對我展現出的支持，也謝謝你永遠支持著我們全家。

感謝我那些大人試讀者，安德魯・麥卡洛、琳賽・柯本斯，以及佩姬・貝克史沃特，你們每個人都提供我獨特的觀察透鏡，讓這本書更好。也謝謝我的兒童試讀者，格蕾塔・荷姆斯、希薇亞・荷姆斯、伊莎貝爾・卡爾、艾莉森・史馬特，以及葛蕾塔・尼曼，感謝你們誠實的建議（而且讀起來超好玩的！）。我還要謝謝我那些在法爾茅斯初級中學的學生們；我在寫這些故事時，一直惦記著你們常提出的那類問題，才開創了小艾筆記的願景。

最後但同樣重要的，是要感謝我的校對夥伴幫忙審查科學內容的正確性並協助編輯：安德魯・麥卡洛、格蘭特・特倫布雷、莎拉・道森、埃利・威爾森、珍・巴伯爾。還要謝謝本德・海利希很慷慨的協助回答一個唯有他能解答的問題。這本書背後有許許多多的想法和知識，因為這些人的幫助，我才能完成這些故事。

知識讀本館

小艾的四季科學筆記 2：秋日篇　**葉子為什麼會變色？**
The Acadia Files: Book Two, Autumn Science

作者｜凱蒂・柯本斯 Katie Coppens
繪者｜荷莉・哈塔姆 Holly Hatam　譯者｜劉握瑜
責任編輯｜戴淳雅　美術設計｜丘山　行銷企劃｜劉盈萱

天下雜誌群創辦人｜殷允芃　董事長兼執行長｜何琦瑜
兒童產品事業群
副總經理｜林彥傑　總編輯｜林欣靜　版權主任｜何晨瑋、黃微真

出版者｜親子天下股份有限公司
地址｜台北市 104 建國北路一段 96 號 4 樓
電話｜（02）2509-2800　傳真｜（02）2509-2462
網址｜www.parenting.com.tw
讀者服務專線｜（02）2662-0332　週一～週五：09:00~17:30
傳真｜（02）2662-6048　客服信箱｜parenting@cw.com.tw
法律顧問｜台英國際商務法律事務所・羅明通律師
製版印刷｜中原造像股份有限公司
總經銷｜大和圖書有限公司　電話：（02）8990-2588
出版日期｜2021 年 7 月第一版第一次印行
2022 年 11 月第一版第三次印行
定價｜280 元　書號｜BKKKC177P
ISBN 978-626-305-026-6（平裝）

訂購服務
親子天下 Shopping｜shopping.parenting.com.tw
海外・大量訂購｜parenting@cw.com.tw
書香花園｜臺北市建國北路二段 6 巷 11 號　電話（02）2506-1635
劃撥帳號｜50331356 親子天下股份有限公司

立即購買 >

國家圖書館出版品預行編目（CIP）資料

小艾的四季科學筆記 2：秋日篇　葉子為什麼會變色？
/ 凱蒂・柯本斯 Katie Coppens　文；
荷莉・哈塔姆 Holly Hatam　圖；劉握瑜　譯
-- 第一版 . -- 臺北市：親子天下，　2021.07
80 面；17X23 公分 . --
譯自 The Acadia Files: Book Two, Autumn Science

ISBN 978-626-305-026-6（平裝）

308.9　　110008799

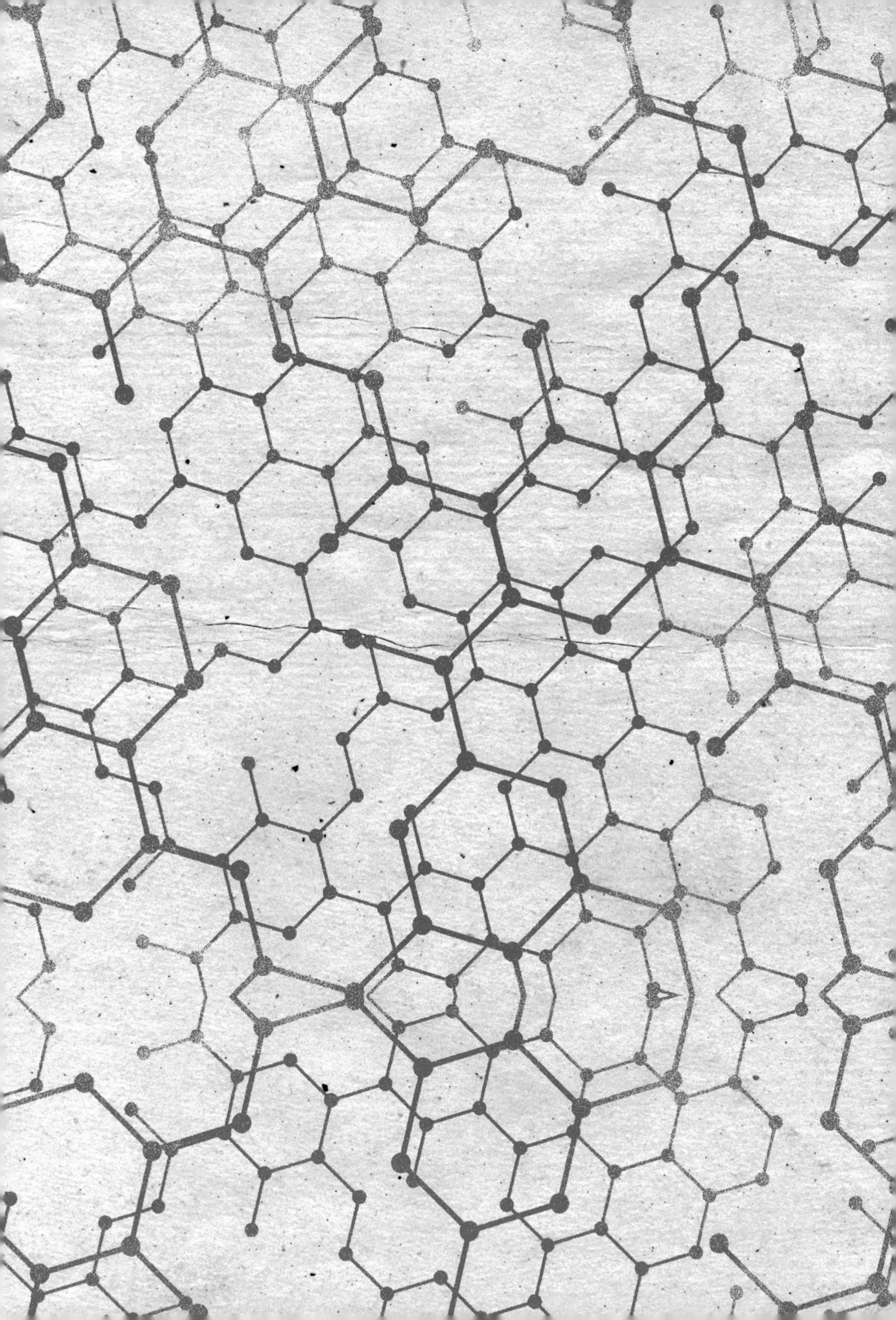

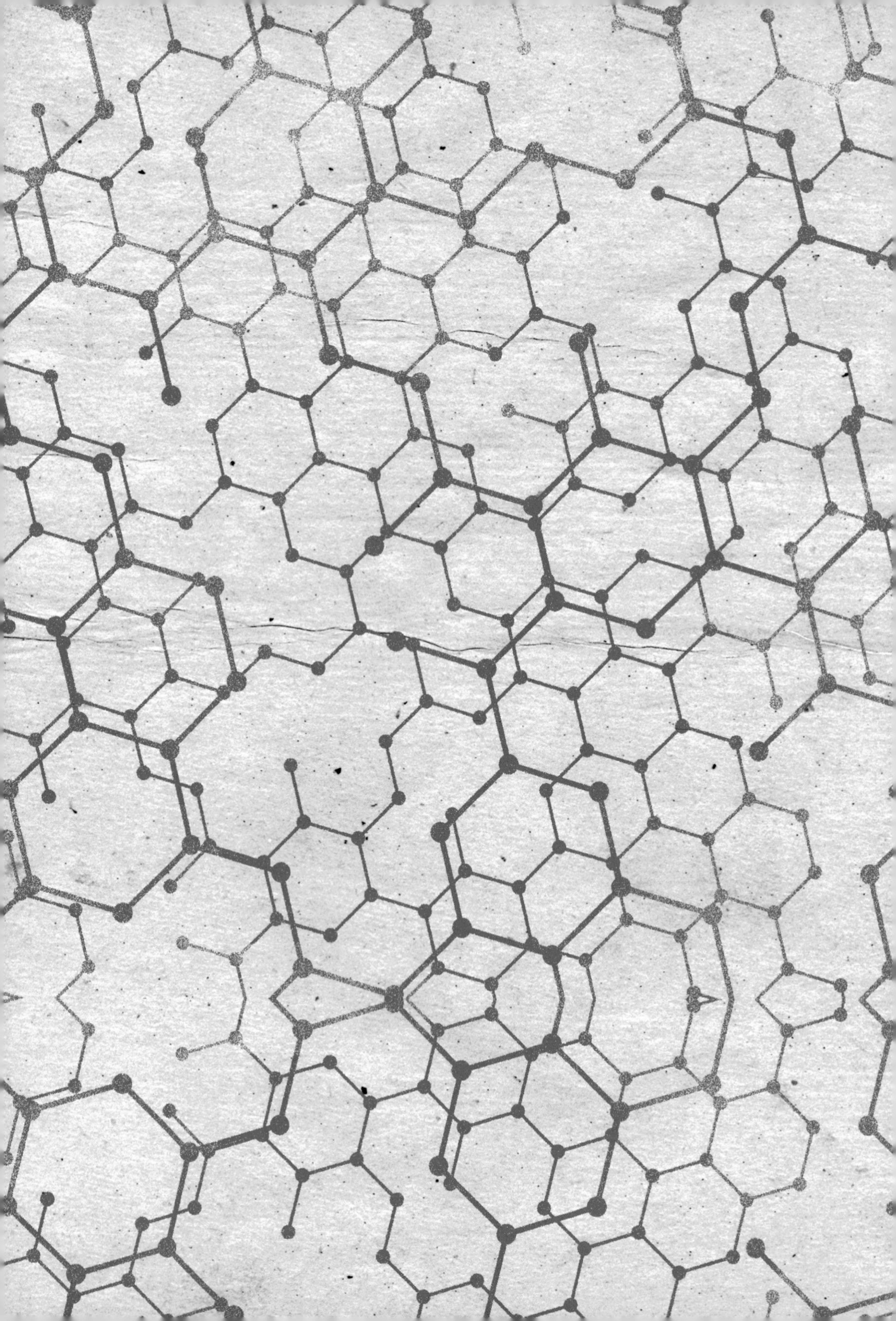